青少年 科普图书馆

图说生物世界

分身有术的海参
——动物绝技

侯书议 主编

上海科学普及出版社

图书在版编目（CIP）数据

分身有术的海参：动物绝技 / 侯书议主编. —上海：上海科学普及出版社，2013.4（2022.6重印）

（图说生物世界）

ISBN 978-7-5427-5613-8

Ⅰ.①分… Ⅱ.①侯… Ⅲ.①动物－青年读物②动物－少年读物 Ⅳ.①Q95-49

中国版本图书馆CIP数据核字（2012）第271687号

责任编辑 李 蕾

图说生物世界
分身有术的海参——动物绝技

侯书议 主编

上海科学普及出版社

（上海中山北路832号 邮编 200070）

http://www.pspsh.com

各地新华书店经销 三河市祥达印刷包装有限公司印刷
开本 787×1092 1/12 印张 12 字数 86 000
2013年4月第1版 2022年6月第3次印刷

ISBN 978-7-5427-5613-8 定价：35.00元

本书如有缺页、错装或坏损等严重质量问题
请向出版社联系调换

图说生物世界
编委会

丛书策划：刘丙海 侯书议

主　　编：侯书议

编　　委：丁荣立　文　韬　韩明辉

　　　　　侯亚丽　赵　衡　杨新雨

绘　　画：才珍珍　张晓迪　耿海娇

　　　　　余欣姗

封面设计：立米图书

排版制作：立米图书

前 言

自然界既充满生机,又危机四伏,一种动物如果想要生存下来,就必须具备一种或多种本领。我们知道,动物的种类繁多,因此,它们的本领也各不相同,样样精彩,真可谓是八仙过海各显神通。

比如:在生死攸关的时刻,负鼠会选择装死,乌贼会选择施放烟雾弹,壁虎会自动断去尾巴,黄鼠狼会释放臭屁……然而,更加让人难以想象的是,爆炸蚂蚁为了不让天敌捕捉到自己,竟然会引爆自己。

还有很多有趣、疯狂的动物:北极熊都是左撇子;雄海马负责生宝宝;更让人想不到的是,旅鼠竟然每隔几年都要集体投海。

动物还是人类的好朋友。海豚常常会救起落进大海里的人,信鸽会给人类送信,连人见人讨厌的癞蛤蟆都能成为人类预测地震的好帮手。

人类和动物生活在同一个世界里,或许你对很多动物都不陌生,但是,你知道它们的一些小秘密吗?你知道青蛙为什么长着一张大嘴巴吗?你知道萤火虫为什么会发光吗?你知道猫头鹰为什么会在睡觉的时候睁一只眼闭一只眼吗？总有太多的疑问困扰着我们，让我们百思不得其解。

　　此刻，就让这些充满趣味的动物陪伴着你，开始一场神奇的阅读之旅吧！

目 录

动物世界中的"哆啦 A 梦"

毒门秘籍——黑寡妇蜘蛛……………………………………012

五毒之首——蝎子王…………………………………………017

钓鱼能手——发光鮟鱇鱼……………………………………022

易容大师——变色龙…………………………………………026

超声波定位——蝙蝠侠………………………………………029

三头六臂——章鱼先生………………………………………033

器官再生——非属鱼类的海星………………………………039

小动物的大秘密

青蛙为什么是大嘴巴…………………………………………046

螃蟹为什么要横着走…………………………………………048

萤火虫为什么会发光…………………………………………053

鹦鹉为什么会说话……………………………………………057

猫头鹰睡觉为什么睁一只眼闭一只眼………………………060

骆驼为什么长驼峰……………………………………………063

大猩猩为什么拍胸脯…………………………………………067

公鸡为什么打鸣………………………………………………069

北极熊为什么是左撇子………………………………………073

动物也疯狂

蜜蜂的冬季俱乐部……………………………………………076
集体投海的旅鼠………………………………………………080
行动整齐如一的热带鱼………………………………………086
"电话"求爱的电鳗……………………………………………088
松鼠的多功能尾巴……………………………………………092
生宝宝的雄海马………………………………………………094
娘胎里手足相残的沙虎鲨……………………………………098

动物逃生的十八般武器

放"烟雾弹"的乌贼……………………………………102

装死逃生的负鼠……………………………………106

分身有术的海参……………………………………110

放臭屁的黄鼠狼……………………………………115

引爆自己的蚂蚁……………………………………118

断尾求生的壁虎……………………………………120

动物也有三百六十行

海豚是个救生员…………………………………………126

信鸽是个邮递员…………………………………………131

海狮是个表演家…………………………………………136

蟾蜍是个地震预测员……………………………………139

白蚁是个顶级建筑师……………………………………142

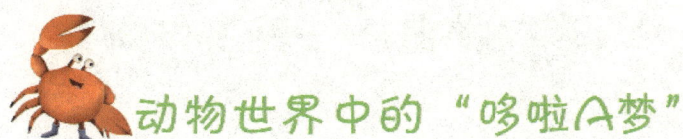

动物世界中的"哆啦A梦"

关键词：黑寡妇蜘蛛、蝎子王、鮟鱇鱼、变色龙、蝙蝠侠、章鱼、海星

导　　读：在动物世界里，每一种动物都具有高强的生存本领，各显神通，用于捕食、防御、进攻等。

毒门秘籍——黑寡妇蜘蛛

无论是神话传说中有本领的英雄人物，还是影视剧中的侠客，他们似乎都拥有一件常人不拥有的法宝，才能去做常人不能做到的事情。

这种情形在动物世界里更是常见。小到芝麻粒大的小型动物，大到巨型怪兽，个个拥有一项看家本领。

在自然界中，利用自身产生的毒素御敌、杀敌、保护自身安全的动物数不胜数，其中拥有"毒门秘籍"的当属黑寡妇蜘蛛，它堪称善用毒液的"大姐大"。黑寡妇蜘蛛极易识别，它的身体大多乌黑发亮，腹部有红色标志，故又名红斑蛛。它们大多生活在中亚、西亚、南欧和北非一带。

雌性黑寡妇蜘蛛无论是在体型上，还是在重量上，通常都是雄性蜘蛛的近百倍。在黑寡妇蜘蛛中，雄性性格温和，不善于攻击其他动物，其施放毒液的毒性也较低。

雌性黑寡妇蜘蛛堪称"母夜叉"。它们具备极强的攻击性，不但攻击昆虫等动物，而且还会攻击它们的"丈夫"——雄性黑寡妇蜘

分身有术的海参

　　蛛,并把"丈夫"吃掉。这也是为什么动物学家会给这类蜘蛛取名为"黑寡妇蜘蛛"的原因之一。虽然它们的名字都带"黑寡妇",但是,它们并不都是雌性,也有雄性。

　　黑寡妇蜘蛛攻击其他动物的武器都藏在上颚里,它的"上颚"又被称为"螯肢","螯肢"里含有毒腺。当它们感受到来自外界的威胁或攻击时,就会条件反射地进行自卫。这时,黑寡妇蜘蛛体内会分泌出一种叫"神经性毒蛋白"的液体,并将这种毒液注入威胁者的体内。

被黑寡妇蜘蛛刺到后,会产生剧烈疼痛,像被注射了麻醉剂一样,运动神经中枢会产生麻痹,神经系统不再指挥肢体运动。这样一来,对方就无法给黑寡妇蜘蛛造成威胁了。

黑寡妇蜘蛛不但敢对牛、马等大型动物发动攻击,而且还敢攻

击人类。它们的行踪不定,最初在野外的山林中生活,后来渐渐地走进了城市,而且会潜伏在居民家里的衣服、鞋子等地方。由于它们的隐蔽性较强,使人难以提防。

分身有术的海参

五毒之首——蝎子王

　　蝎子是人类很熟悉的一种动物。陆地上最早出现蝎子大约在 4.3 亿年前的志留纪。这一时期,海生植物开始登上陆地,蕨类植物成为这一时期的主角。

　　自古以来,蝎子就被封为"五毒"之首,因此,人们还常常用"蝎子心肠"来比喻人心的恶毒。

　　蝎子和有毒蜘蛛同属于蛛形纲,它们之间有着非常相似的特征,比如都会施放毒液攻击对手。蝎子还有独特的外表特征,它的躯干外表附着一层坚硬的外壳,最奇怪的是,蝎子还长有 6 对附肢,其中长在前面的一对附肢像铁钳这种被称为"角须"的附肢功能强大,可以用来捕食和防御,还是它的触觉器官。

仅仅看蝎子的外表,就足以令人感到惧怕。要不然它怎么能称为"五毒"之首呢。

美国加州大学戴维斯分校昆虫学家哈莫克教授领导的研究小组研究发现,蝎子之毒,还不仅在于毒,它还知道如何合理使用自己

的"武器"。在它攻击对手时，会根据危险情况而施放出两种不同的毒液。这两种毒液的杀伤力也是不一样的。

蝎子在遇到威胁时，一般情况下会通过尾刺施放出一种毒性较低且透明的毒液。这种毒液没有致命的杀伤力，它主要是对攻击者造成瞬间麻痹或强烈的痛感。如果老鼠中了这种毒液，爪子会发抖，而一般的小昆虫中了这种毒液就会全身瘫痪。科学家们认为这种毒液属于蝎子特有的"前毒液"。

"前毒液"被视为蝎子的"第一招"，在"第一招"之后，蝎子还会使出更致命的"第二招"，施放出一种黏稠度较高的毒液。但这种毒液的造价成本比较昂贵，因为它的制造原材料需要耗费大量的蛋白质和肽。如果蝎子只是想击退敌人或捕获小动物作为食物时，只需要施放"前毒液"即可。而这种造价昂贵、毒性更大、攻击性更强的后那种毒液不到性命攸关的时候，它是不会轻易使用的。

由此来看,蝎子不但本领高强,而且也非常聪明。

钓鱼能手——发光鮟鱇鱼

鮟鱇鱼长相非常怪异,与大多数鱼类不同的是,它身上没有覆盖鱼鳞。鮟鱇鱼的嘴巴很大,里面长满了锋利的牙齿;庞大的身体显得极其柔软,不禁让人怀疑它是不是练过"软骨功"?

鮟鱇鱼的皮肤粗糙不平,和癞蛤蟆的皮肤有些相似,所以有人就这样形容鮟鱇鱼的外貌:"三分像鱼,七分像鬼。"鮟鱇鱼还被人们赋予很多称呼,如老头鱼、结巴鱼、丑婆、海鬼鱼、蛤蟆鱼等。这些名字不是与鮟鱇鱼的体形相关,就是和鮟鱇鱼的性格相关。

鮟鱇鱼属于深海鱼,它比较懒,不爱运动,常年躲在海底深处。然而,让人感觉到奇怪的是,雄性鮟鱇鱼如果想生存下来,就必须终生寄生在雌性鮟鱇鱼的腹部下,并依赖于雌性鮟鱇鱼的食物供应。

鮟鱇鱼的发光本领让人赞叹不已。它之所以能发光是因为身上有一盏"照明灯"。

"照明灯"的用处在于辅助它的行动与捕获食物。这种本领不是鮟鱇鱼天生就有的,由于长年累月生活在海底深处,终日见不到阳光,给鮟鱇鱼的行动也带来不便,在进化的过程中,它身体就发育出

分身有术的海参

一种类似于萤火虫的发光器官。

发光器官对于鮟鱇鱼来说，非常珍贵，既是它的导航仪，也是它捕获猎物的秘密武器。发光器官长在第一鳍棘的顶端，像一个会伸缩的摇臂探测器，能把"照明灯"放到想要放的位置。深海中有很多趋光的鱼类，这些鱼一旦看到鮟鱇鱼发出的光，就会游向鮟鱇鱼。一旦被鮟鱇鱼发现，它们就会成为鮟鱇鱼的美餐。

这种发光器官被科学家解释为鮟鱇鱼的"拟饵"，就像我们平常钓鱼所用的"鱼饵"，能够将其他趋光的小动物吸引过来。

这个天然的、会发光的"钓鱼竿",对于鮟鱇鱼来说,也是它生存下去的基本保障。如果没有这么一种秘密武器,它想在暗无天日的海底生存下来,可就不太容易了。或许这就是大自然界的神奇之所在吧!

易容大师——变色龙

《变色龙》是俄国著名作家契诃夫写的短篇小说,主人公就是一个见人说人话、见鬼说鬼话的善变小人。而变色龙并不是作家凭空臆造出来的,在动物世界中,的确存在着一种叫"变色龙"的动物。

变色龙还有一个非常地道、正宗的中国名字:避役。"役"字在汉语中的意思就是"服劳力之事",指做事情需要付出劳动;"避"字呢,就是避开、躲避的意思。二字连起来就是避开服劳力的事情。之所以得到这么个名字,是因为变色龙可以不通过劳动便能获得食物。

有人会问,难道世界上还有这样的美事?的确有。对于变色龙而言,"不劳而获"不是什么难事。当然,变色龙其实并非真的不劳而获,多多少少还是要付出一点劳动的。

变色龙有一条非常长的舌头,舌头几乎和它自身躯干的长度等同,当它发现猎物时,这个细长的舌头,可以像青蛙的舌头一样瞬间"射"出去,并用舌头上的"黏液"粘住这些小昆虫。

变色龙和蜥蜴同属蜥蜴亚目避役科爬虫类,它们喜欢生活在树上;一些变色龙种类也会生活在草本植物上;也有极少数的变色龙

种类会生活在地面上。

　　武侠小说中常常会提到"易容术"，为的就是能够改变自己原本的面貌，让别人无法辨认出自己。变色龙就是"易容"方面的顶尖高手。

　　变色龙"易容"的秘密就藏在皮肤表层。在皮肤表层内有三层色素细胞，第一层是黄色素和红色素，第二层是蓝色素，第三层为黑色素。色素细胞是变色龙变色的道具，是实际执行者，而变色龙的神经系统则是搜集信息并发布命令者。

　　当变色龙意识到周围环境与自身所处之地的实际情况时，它会通过神经中枢传播信息给色素细胞，色素细胞根据神经中枢传递过来的信息进行颜色变换。其中黑色素细胞更加了不起，因为在黑色素细胞里有一种黑褐色的小颗粒可以自由移动，并且可以调节颜色的深浅以及分布。

　　变色龙为什么要改变身体的颜色呢？这与它的防御、捕食有关。当它受到威胁时，它就会变成较为强悍的颜色，以达到威慑敌人的目的，比如变成红色。当它想捕获食物时，为了不惊动猎物，它会变成与周围的环境相似的颜色，伪装起来，以迅雷不及掩耳的速度将猎物捕获。

　　这就是变色龙获得"易容大师"称号的由来。

分身有术的海参

超声波定位——蝙蝠侠

中国的神话故事中常常提到的一个本领就是"千里眼"和"顺风耳",这样的超能力在《封神榜》和《西游记》中就曾有过,其中妇孺皆知、本领高强的当属孙悟空。

这种看似神话的技术,现在已成为现实,如"遥感技术",它和孙悟空的"火眼金睛"类似。这种技术其实就是受到蝙蝠的启发而研制出来的。

蝙蝠非常神奇,它虽然会飞翔,却没有羽毛,也不会生蛋,所以不能归于鸟类。后来,科学家将它归在了哺乳类动物中。蝙蝠的双翼是由前肢演化而来的。拥有一对翅膀能够翱翔于蓝天之上的翅膀是人类很多年前的梦想,但还有一个梦想,也是人类梦寐以求的,那就是类似于孙悟空的"火眼金睛"。

那么,蝙蝠到底如何练就这样的本事呢?蝙蝠属于昼伏夜出的动物,在漆黑的夜里,蝙蝠能够在丛林、城堡中自由穿梭,却从来不会撞到任何东西上。更神奇的是,它能百发百中地捕获猎物,比如蚊子等,大约每分钟就可以搜索到数十只蚊子。这样说来,蝙蝠拥有夜

视眼或千里眼的神奇本领吗？不是的，恰恰相反，大部分蝙蝠天生弱视，它眼睛的可视范围非常小。

　　弱视的蝙蝠能够准确定位出蚊子的位置并进行捕食，不是因为

分身有术的海参

它的眼睛,而是它的"超声波"。超声波具有定位准确、方向性好、穿透力强等特征,遇到障碍物就会反射回来。

蝙蝠的喉咙能够产生每秒震动达 25000～70000 次的超声波,并通过嘴巴和鼻孔向外发射出去。当这些超声波遇到障碍物或猎物时,会被反射回来,通过反射回来的超声波,蝙蝠就能够对障碍物或猎物的位置远近和大小作出判断。

对于这种超声波,人类的耳朵却是听不见的,而拥有神奇听力的蝙蝠却能够听得见。

蝙蝠为什么会有如此超强的听力呢？其实，这源于它自身的感官功能强大，它拥有高敏感度的耳朵以及能够产生完美结合的发声与听觉中枢。正是因为拥有如此特殊的身体结构，蝙蝠才能在眼睛几乎看不见东西的情况下，自由飞翔而不会发生"碰壁"的现象，并熟练地捕获猎物。

蝙蝠的这种异乎寻常的本领给人类极大的启发。人类发明了"遥感技术"，这种技术得益于蝙蝠的超声波可以进行定位功能。遥感技术的核心就是对远距离目标所辐射和反射的电磁波信息进行收集、处理，并最终成像。这与蝙蝠通过超声波判断物体位置和大小的原理是一样的。

这就是蝙蝠对人类的贡献。因而，称蝙蝠为"蝙蝠侠"也是当之无愧的。

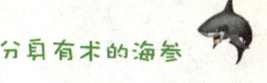

三头六臂——章鱼先生

小哪吒拥有高强的本领——三头六臂,能够斩妖除魔,被很多人拿来当偶像。动物界有这么一种三头六臂的传奇动物,它就是章鱼。

章鱼生活在海洋深处,它们的肢体非常发达,力量更是巨大无比,而且它们还有着一个十分聪明的大脑,可谓足智多谋。在海洋世界里,只要它们一出现,很多小动物就会被吓得"连滚带爬"地逃跑,否则,将性命不保。

这些小动物为什么这么害怕章鱼呢?

章鱼虽然名字里带有"鱼"字,但是它并不属于鱼类,而是属于软体动物。章鱼"个子"非常高,它拥有8条像飘带一样的长腿,因此还被称为"八带鱼"。

章鱼的身手非常敏捷,是因为它的神经系统极其发达。神经系统是由中枢系统和周边的神经部分组成,脑神经处节上又分为听觉、视觉和嗅觉三部分。章鱼的眼睛很大,是它最发达的感觉器官。

章鱼的眼睛构造与众不同,前面是角膜,周围的是巩膜。除此之外,还有一个晶状体,可以与脊椎动物相媲美,眼睛后面的皮肤里有个小窝,是嗅觉的专用通道。

在了解章鱼的构造之后,我们来看看它为什么能在海洋中横行霸道。章鱼拥有一套属于它们自己的"法宝":

首先,章鱼八条灵敏的脚,也就是章鱼的触腕,一只触腕相当于人类的一只手。每条触腕上均有300多个吸盘,吸盘能够拉动100克左右的重物,八条腿就能拉动800克左右的重物。这样一来,被章鱼缠绕住的动物想要逃脱,实在很难。

更有趣的是,章鱼在睡觉的时候,为了保护自身的安全,总会留出两个触腕值班。触腕值班是很"敬业"的,时刻警惕,四下观察,一刻都不敢怠慢。触腕一旦被碰触,章鱼就会十二分警惕地"飞"起来,喷射出黑色墨汁,将自己隐藏起来,在暗处观察敌情,并作出御敌策略。

看到这里,或许你会说,如果遇到危险,只要喷射墨汁不就行了嘛!这个是万万不可的,因为章鱼的墨汁是有限量的,只可以连续喷射6次,半个小时之后才能喷射第二次。墨汁虽然对动物起到一定的作用,对人类无害,所以你不需要害怕。

其次,章鱼是个变色高手。它可以随时随地变换自身的颜色,每来到一个新的环境就可以变幻出与之相应的颜色。章鱼的这种能力

是不会因为自身受伤而丝毫减弱的。

美国科学家曾经做过一项解剖实验,实验中,奄奄一息的章鱼身上居然出现了黑白色条纹。后来还发现,章鱼的皮肤下面隐藏有

很多色素细胞，里面含有各式各样的液体，伴随细胞运动的还有体内的扩张器的作用，它可以控制细胞的扩大和收缩。章鱼的情绪发生变化时，皮肤也会发生变化。追根究底发现，控制这种体色的指挥系统居然是章鱼的眼睛和脑髓，如果两个中的一个受伤，其受伤的那个控制的身体部位就会保持同一种颜色。

最后一个"法宝"——脱身技能。章鱼在水里运动时会把水储存在套膜腔中,靠它们溶解出的氧气生存,这样一来,它们就可以短时间地离开海水。

器官再生——非属鱼类的海星

海星生活在海洋里,被又很多人称为"星鱼",所以有人就会误认为海星属于鱼类,其实,星鱼并非鱼类,它是棘皮动物门海星纲的成员,其下还有海燕和海盘车两科。

海星成员遍布在世界各个海域,最多的当属太平洋海域。海星在太平洋分布密集,遍布于潮面到海底足足6000米。

海星之所以被称为星鱼,是因为它的体型扁平且类似于五角星。在西方国家又被人叫做轮星鱼。海星的口在中央的下方,从体盘内伸出5个腕,最多达40个。腕内有增生殖腺和消化腺,最下面的有开放地带——步带钩,这与海星的口是相连的。很多的钙质骨板相互结合组成海星的身体,棘、瘤等附属物紧紧地贴在海星的体表之上。

此外,海星的腕端差距有很大的偏差,最小种类的相距1厘米左右,最大种类的相距达50~60厘米。它们身体的颜色也不相同,不同海星之间或多或少都有点差别,如果不仔细观察就发现不了,一般橘黄色、红色等较多。

海星的消化系统非常发达。它的捕食对象锁定在那些行动缓慢的海洋动物，如海胆、珊瑚等。海星吞食食物的方式比较独特，它是将胃从嘴里吐出来，让胃将喜欢的食物卷进去，最后连胃一起吞进肚子里。

海星是个大胃王，一天能吃很多的东西，所以每天都有很多小动物成为它的口中美餐。

海星繁殖能力特别强。在全世界约有1500多种海星，大部分都是体外受精，无交配繁殖。它们又是如何体外受精的呢？

在海底世界，雄性的海星把腕上睾丸里的精子排泄在水里，雌性海星就会在水里排出卵子，精子和卵子相遇结合之后，形成受精卵，一个个小生命不久就会诞生了。

海星排卵方式也与众不同，它排卵后会把自己的腕竖立起来，形成了一个小小的保护伞，让卵子在里面自由自在地孵化，这样就可以避免卵子被其他动物吃掉。

海星还会分身术。假如我们将海星的身体分成几块扔进大海里，这些碎块都能继续生长，把失去的部位

重新补充完整。这样一来,一个海星就能变成几个海星。根据科学家研究发现,海星的腕只要有1厘米那么长,就可以生长出新的海星个体来。

德国莱布尼茨海洋学研究所研究认为,海星是海洋碳循环中一个重要的角色,它在形成外骨骼的过程中可以吸收海水的碳成分。就算是海星死亡了,体内的碳部分仍然留在海里,最后再由无机盐的形式转化成海星的外骨骼,以此循环,海洋进入大气层的碳就会减少。

由此看来,海洋的生态系统和生物的进化都离不开海星,它的作用可是不同凡响。

有很多人非常奇怪,海星的嘴巴长在哪里?其实海星的嘴巴在它的身体下面,如果你认真观察,很容易就会发现。

小动物的大秘密

关键词：青蛙、螃蟹、萤火虫、鹦鹉、猫头鹰、骆驼、大猩猩、公鸡、北极熊

导　　读：在动物身上发生的一些奇异现象，对于动物自身来说，却有它存在的合理性，而这些合理性就体现在它的科学性上。换句话说，动物奇异现象的背后，就是一则科学道理。

青蛙为什么是大嘴巴

夏季,我们总能听到小池塘里有很多青蛙"呱呱呱"地叫个不停。不知道你有没有发现,它们叫起来的时候,嘴角还会鼓起两个像小圆泡的外声囊,叫完之后,外声囊马上就会缩进去,等下次再叫的时候,又会鼓起来,十分有趣。

青蛙长着一双大大的眼睛,头部和背部为黄绿色,上面还有一些黑褐色的斑纹,肚皮是白色的……其实,这还不算是青蛙最主要的特征,它最主要的特征就是长着一张大嘴巴。它可从来不轻易张开自己的大嘴巴,一旦张开,估计是要吃害虫了。

青蛙对我们来说,并不陌生,,但是,你想过它为什么会长着一张大嘴巴吗?原来,青蛙长着大嘴巴除了用来"呱呱叫"之外,还可以利用口腔来接收声波。

原来,嘴巴大了,储存的空气也就多,当声波传进口腔里之后,就会振动口腔里面的空气,空气和中耳产生共振现象,随后传入内耳。青蛙的大嘴巴可以在口腔和中耳共振的时候,接收到声波,并使一些特定频率的叫声成倍地放大。

青蛙的大嘴巴在调节音调的频率时,足以使它的同伴能够清晰地听到它那特殊音调的叫声,让同伴很容易就能发现它所在的位置。

螃蟹为什么要横着走

螃蟹横着走是尽人皆知的事情,恐怕在自然界当中也难以找到第二个能横着走的动物了。可是,你知道它为什么要横着走吗?是什么让螃蟹能够"横行"下去的呢? 在弄明白这些问题之前,我们首先要弄明白螃蟹是怎么来辨别方向的。

螃蟹在行走的时候,都是依靠磁场来辨别方向。

在地球形成的漫长的岁月里,南极和北极曾经发生了多次倒转,使南极磁场变成北极磁场,北极磁场变成南极磁场。磁场的倒转,使得很多依靠磁场辨别方向的动物无法再辨别出方向了,一个个成了"路痴"。它们无法适应磁场倒转后的新生活,最终逐渐地走向了灭绝之路。

地球磁场学说的生物学家就认为,螃蟹也像其他动物一样受到了磁场倒转的影响,体内的小磁体失去了原来的定向作用,不能像以前一样能够分辨出东西南北了。

螃蟹为了生存,就必须适应这种磁场倒转之后的生活,于是,它们既不向前走,也不退着走,而是选择横着走。幸运的是,螃蟹存活

分身有术的海参

了下来,并且一直繁衍至今。

地球磁场学说为螃蟹横着走这一行为作出了解释,听起来似乎也很有道理,也得到了很多地磁学说者的支持,但是,还有很多生物学家依然保持怀疑的态度。因为,在地球南北极进行倒转的时候,不但只有螃蟹受到了干扰,信鸽和海龟这些依靠磁场来判断方向的动物也受到了干扰,那信鸽为什么就没有变成倒着飞或后退着飞呢?海龟在大海里洄游的时候为什么也没有横着走或横着游呢?用磁场

来解释螃蟹的这种横行现象似乎变得有些牵强了。

随后,生物学家又推出了新的解释方法,那就是依靠螃蟹的身体构造来解释它的横行行为。当螃蟹在爬行的时候,它首先会让自己身体一侧的步足关节弯曲,并用足尖紧紧地抓住地面,关节便会收缩,而最先弯曲的一侧步足就会马上伸直了,将身体推向相反的

分身有术的海参

一侧，就这样反复便形成了横向移动的线路。

螃蟹还可以退着走，不过这时候就需要它最前面的两个螯的帮助。这两个螯可以交替着作为支撑点，在使后面的八只步足相继抬离地面的时候，用这两只螯推动着地面，地面便会对螃蟹的身体产生

一种反作用力,使螃蟹的整个身体向后移动。

有喜欢"打破沙锅问到底"的人或许会问:既然螃蟹横着走,那它的眼睛怎么就没有横着长呢?既然眼睛没有横着长,那它又是怎么能看清左右方向的道路呢?难道它不怕在横着走路的时候会撞到其他动物?

事实上,螃蟹的双眼没有像其他动物的双眼一样长在头胸部的正前方,它的两个眼球在眼柄的支配下伸向头胸部的左侧和右侧的前方,眼睛呈球状凸出来的复眼结构。复眼是由很多的小眼睛组成,这些小眼睛都可以在视网膜上感光成像,然后将看到的事物通过视觉神经中枢传送到大脑。在大脑中,所有小眼睛看到的画面都将拼接成一个完整的图像,最终成为螃蟹看到的所有画面。这种复眼结构可以使视野更广阔。

我们人类属于单眼结构,比起螃蟹的复眼结构来说,我们看到的范围太小了。

螃蟹的复眼结构到底能够看到多大的范围呢?螃蟹不但可以看到前方的事物,还可以看到左右方向的事物,在向侧后方移动的时候,甚至没有视线上的盲区,也就是说,螃蟹在此时能够看到所有方向的事物。

由此来看,螃蟹的眼神可不是一般的好啊!

分身有术的海参

萤火虫为什么会发光

在炎热的夏季,当我们在夜晚出来乘凉的时候,偶尔能够看到一些在空中闪闪发光的物体。这些物体其实就是萤火虫,一种可以从身体内发出黄绿色光亮的小动物。

萤火虫之所以能够发光,是因为它体内长有发光器。在发光器里有一种含磷的荧光素和一种催化剂。当空气从萤火虫的发光器中的气孔中进入发光器之后,荧光素便会在催化剂的作用下,和空气中的氧气进行氧化作用,氧化作用的过程中会产生能量,而能量大部分又以光的形式被释放出来。

萤火虫发出的光看起来很亮,但放在手上,却不会感觉到烫手,这是为什么呢?其实是因为它体内90%以上的能量都转化成了光能,只有不到10%的能量才会转化成热能,少量的热能不足以让人感觉到有种灼烧的疼痛。

是不是所有的萤火虫都能发光呢?并非如此。目前世界上被发现的萤火虫已经达到2000多种,在这众多种类的萤火虫当中,它们的卵、蛹和幼虫都能够发光,但是,等幼虫长大之后,有些萤火虫

的成虫便不能够再发光了。在大部分的萤火虫当中,雄虫都有两节发光器,而雌虫要么只有一节不发达的发光器,要么没有发光器,没有发光器的萤火虫是不能够发光的。也有特别的萤火虫,像台湾的窗萤,雄性和雌性都有两节发光器,它们发出的光非常亮。

你知道萤火虫为什么要发光吗?萤火虫发光有很多目的,包括求偶、照明、沟通以及展示自己等。

萤火虫白天喜欢躲在草丛里睡觉,一等到夜晚,它们就活跃起来。雄性萤火虫会发出亮光来诱引雌性萤火虫前来跟它约会。如果雌性萤火虫看到雄性萤火虫的光亮,就会欣然前来赴约,相约的两只萤火虫就可以结为伴侣。

还有一种萤火虫可以模仿其他种类的雌性萤火虫发出的光,并借助这种光来吸引雄性萤火虫,雄性萤火虫一旦误以为这是同类雌性萤火虫发出的求爱信号,便会飞过去,可一到那里,就会被对方吃

掉。本来是一场温馨而浪漫的约会,最终却变成了前去送死。尽管如此,那些雄性萤火虫还会前赴后继地飞去约会。

萤火虫的光亮对其他动物还有警示作用。

曾经有萤火虫通过发光警告一只蜥蜴,不让它靠近自己,但是这只蜥蜴不顾警告而最终把萤火虫吃掉了。奇怪的是,吃过萤火虫之后,那只蜥蜴也死了。一些幼小的萤火虫还会对老鼠起到警示作用,而受到警示的老鼠就不敢轻易靠近它们。

萤火虫的光到底能够亮多长时间呢?

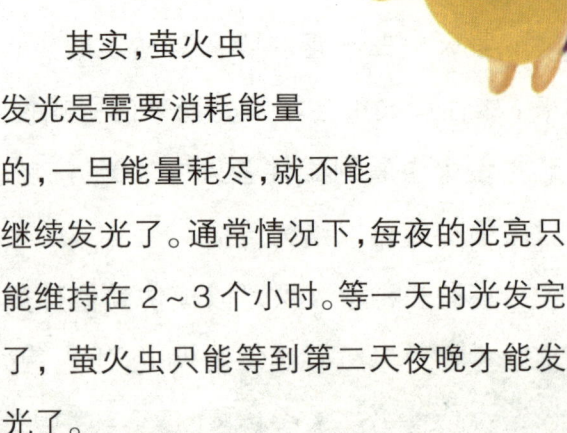

其实,萤火虫发光是需要消耗能量的,一旦能量耗尽,就不能继续发光了。通常情况下,每夜的光亮只能维持在2~3个小时。等一天的光发完了,萤火虫只能等到第二天夜晚才能发光了。

分身有术的海参

鹦鹉为什么会说话

鹦鹉作为一种宠物备受人们喜欢,主要是因为鹦鹉有模仿人说话的本领。你对它说一句话,它就能重复你说过的话。鹦鹉作为一种鸟类,它为什么可以说人话呢?

想要知道鹦鹉说人话的秘密,还要从它特殊的生理构造讲起。大多数的鸟类都不能像鹦鹉一样学人类说话。大多数鸟类是通过空气中的气流进入鸣管,使鸣管壁振动才能发出声音的,而鹦鹉的发声器结构比其他大多数鸟类都发达得多,它不但具有鸟类最基本的鸣管,还长有4~5对调节鸣管管径、张力和声率的特殊肌肉——鸣肌。鸣肌在收缩或松弛的时候,就能发出各种各样的鸣叫声。比起其他鸟类单一的鸣叫,鹦鹉可以模仿的鸣叫声数不胜数,其中最特别的当然就是我们人类的说话声了。

鹦鹉虽然可以模仿人类说话,但是鹦鹉的发声器和人类的声带还有一些不同。鹦鹉的发声器被称为鸣管,鸣管是由3~6个器官膨大变形后与另外3对变形支气管共同构成。不过,鹦鹉的鸣管和人类的声带在构造上还是有很多相似之处。人类的声带从喉咙到舌尖的距离有 20 厘米，呈直角，鹦鹉的鸣管到舌端的距离有 15 厘米，成接近似直角的钝角。这些角度就是决定动物发音的音节和腔调的关键所在，如果角度越接近直角，那么发出的音节感和腔调感就越

强烈,这也是鹦鹉为什么能够模仿人类说话的原因了。

鹦鹉在模仿人类说话的时候,为什么说得那么清晰准确呢?这和鹦鹉的舌头构造还有十分密切的关系。鹦鹉的舌头比较圆滑、柔软,和人类的舌头构造十分相似,有了和人类声带相似的鸣管,又有了和人类舌头相似的舌头,模仿人类说话,就会变得容易很多。

鹦鹉模仿人类说话的秘密已经被我们揭开了,但是,鹦鹉在学人类说话的时候,它知道自己说的话是什么意思吗?它当然不知道啦!它只是在人类教它说的时候,模仿了人类发出的声音,不可能明白这声音所传达的意义。

猫头鹰睡觉为什么睁一只眼闭一只眼

猫头鹰是一种夜行性肉食动物,喜欢在夜深人静的时候出来活动,在白天几乎看不到它的身影。猫头鹰之所以选择夜间出来活动,是因为它的眼睛能够在漆黑的夜晚清楚地看到小动物,并能以最快的速度将小动物捕获。

猫头鹰的眼睛为什么能在夜间清楚地看到小动物呢?这和猫头鹰的眼睛结构有着很密切的关系。猫头鹰的眼睛后部长有一个反射

光线的膜层,可以使光线再次通过瞳孔的时候感受到微弱的光线,从而提高了猫头鹰在夜间的视力。即便是一只小得不能再小的老鼠,站在高高的树枝上的猫头鹰都能看到,然后用它那闪电一样的

速度将小老鼠抓获。

虽然"好视力"可以帮助猫头鹰在漆黑的夜里清楚地看到猎物，但是，在白天光线强烈的时候，它就会感到光线异常的刺眼，眼睛就会感到不舒服。如果它将两只眼睛都闭上，又会担心有天敌趁它睡觉的时候突然发动袭击，打它个措手不及。为了自身安全，猫头鹰就想到了一个十分绝妙的办法，那就是在睡觉的时候睁一只眼、闭一只眼，让两只眼轮流休息。

猫头鹰睁一只眼、闭一只眼能够睡得着吗？如果是人，恐怕是睡不着的，但是猫头鹰可以。

当猫头鹰闭上一只眼的时候，它相应的大脑就会处于休眠状态，而睁着的眼睛和相应的大脑就会处于清醒状态。这种奇特的睡觉方式，不但能让猫头鹰睡上一个懒觉，还可以避免天敌袭击。

值得一提的是，猫头鹰的听觉也非常敏锐，在夜间捕食或行动时，敏锐的听觉能帮助它准确地确定目标的位置，能根据猎物移动时产生的响动，不断地调整出击的方向，以迅雷不及掩耳之势，捕捉到目标。

当然，在捕食过程中，猫头鹰的视力和听觉是互相配合的。正因为它能够在各个方面适应、调整自身的技能，去适应夜行性生活，才使其成为一个高效的夜间捕猎高手。

分身有术的海参

骆驼为什么长驼峰

一提到沙漠,你就能想到那里的场景:被沙子所覆盖,很少有植物生长,天气异常干燥,极少下雨。不论是人类,亦或是动植物,都不愿意生活在那里。

即便如此,沙漠之中还是有一种动物经常出没的,你猜出来它是谁了吗?没错,它就是号称"沙漠之舟"的骆驼。

骆驼是骆驼科骆驼属的动物,只有两种,一种是单驼峰,另一种是双驼峰。单驼峰骆驼的体毛较短,它们主要生活在北非和西亚、印度等热带地区;双驼峰骆驼体毛很长,它们主要生活在中亚以及中国的西北部、蒙古地区。

无论是单驼峰或双驼峰的骆驼,个子都比较高大,腿较细,但其蹄子却很大,而且两脚趾、跖处有一层厚皮,因为这个特征,所以它特别适合在沙漠上行走。

早在公元前 3000 年,人类就已经开始驯化骆驼,作为运输货物的役畜。在影视剧中,我们也常常见到商人用骆驼来长途托运送货物。

这些商人为什么会选择让骆驼来担当沙漠中的运货工具呢？骆驼有什么绝招能够穿越辽阔无垠、漫天黄沙的沙漠呢？

在骆驼的身上都长着隆起的驼峰，有的骆驼长着一个驼峰，有的骆驼长着两个驼峰。你可不要小看了这些看起来像罗锅腰的驼峰，它们可是骆驼能够穿越沙漠的关键所在。

曾经有人认为骆驼的驼峰里储存着大量水分，可以解决骆驼的口渴问题，事实上真是这样的吗？

为了弄清楚驼峰里到底储存的是什么东西，生物学家就对骆驼的驼峰进行了解剖，结果却发现，驼峰里并没有储存水分，而是沉积着大量的脂肪。脂肪在骆驼饥饿的时候会自动分解，为骆驼提供身体所需要的能量。这些脂肪足以使骆驼在五天内不吃任何食物而不会被饿死。

生物学家对驼峰进行解剖的时候还发现，驼峰里的脂肪在被氧化之后就会产生代谢水。如果一个骆驼的驼峰里储藏 45 千克的脂肪,在被氧化之后就会产生将近 50 千克的代谢水。

认为驼峰里藏着水的人在自己的观点被否定之后还不甘心,就认为骆驼的驼峰里储藏的是"固态水"。

但是,驼峰里的脂肪只有遇到氧气的时候才能发生氧化作用进而产生水,而氧气需要骆驼通过肺部的呼吸才能获得,在骆驼呼吸的时候,肺部就会损失大量的水分,而损失的水分和脂肪氧化后产生的水分几乎一样多。也可以这么说,脂肪氧化后的代谢水几乎不能被骆驼的身体所吸收。所以,驼峰里储藏的是"固态水"的观点再次被否定了。

骆驼在沙漠中行走,如果没有水分,它肯定会感到口渴。既然它走了几天依然不会感到口渴,体内肯定会藏有水分,但是,水分藏在什么地方呢?

生物学家经过大量的实验后才发现,水分就藏在骆驼的胃里。在它的胃里有很多像瓶子一样的小泡泡,而这些小泡泡里面便藏着水分。这些水分可以使骆驼在几天内都不用喝水。

骆驼有了储藏脂肪的驼峰和储藏水的胃,在没有食物和水的沙漠中,依然不会感觉到饥饿、口渴,所以才能在沙漠中来去自如。因此,骆驼被誉为"沙漠之舟"。

大猩猩为什么拍胸脯

如果说到大猩猩，我们很容易想到美国电影《金刚》，主角就是一只大猩猩。

你有没有发现，无论是金刚，还是其他的大猩猩，它们经常会拍打自己的胸膛，这是为什么呢？这和大猩猩的习性有着密切的关系。如果有一些不友好的动物出现在它们的面前，它们就会通过拍打胸膛这一行为来向这些不友好的家伙示威，同时，也表达了它们的愤怒之情。

大猩猩属于灵长目猩猩科。大猩猩的体型雄壮，面部和耳上无毛发，眼上的额头往往很高，下颚骨比颧骨较为突出；大猩猩没有尾巴，嘴巴短，眼睛小，鼻孔大。同时，它也是灵长目中最大的动物，身体直立时，最高可达 2.2 米，两臂左右平伸可达 2~2.75 米。它们主要生存在非洲大陆赤道附近的丛林之中。

科学家研究称，大猩猩体内 92%~98% 的 DNA 排列与人一样。此外，它们的牙齿排列方式也与人类的相同。因此，它们是继黑猩猩属后与人类最接近的现存动物。

  大猩猩还有一个别称叫"类人猿",意思就是,它们是最接近人类的动物之一。从这个角度看,大猩猩表现出气愤并拍胸脯也就不难理解了。

分身有术的海参

公鸡为什么打鸣

如果你家在农村,就会在天刚刚亮的时候听到公鸡打鸣!它们就像闹铃闹钟一样准时。

可是,你知道公鸡为什么打鸣吗?

公鸡打鸣其实是为了向其他的公鸡宣布自己无法撼动的"权力",让其他的公鸡不要打它家母鸡的主意,同时也提醒自己的母鸡要守本分,要把它当成一家之主,只有它的地位才是至高无上的。

在鸡群中,其中一只公鸡的打鸣声,意味着它在宣布自己在母鸡群中的权力。但是,其他的公鸡并不一定对第一只叫出声的公鸡服气,因此,有很多公鸡纷纷打鸣宣示权力。这些公鸡发出声音的响亮程度也不相同,体内的雄性激素分泌得越多,鸣叫声就越低沉而洪亮。同时,这只公鸡的冠也较大,身体比较健壮,战斗力较强。

公鸡为什么选择在天刚刚亮的时候打鸣呢?这和公鸡的大脑构造有很大关系。在公鸡的大脑中,有一个小小的区域,叫松果体。

松果体对光线很敏感,并受到光线的控制。当天变黑暗的时候,松果体就会分泌褪黑素;当有光线射入公鸡的眼睛当中,松果体就会逐渐停止分泌褪黑素。

我们知道,公鸡晚上也会睡觉,闭着眼睛的公鸡怎么知道天亮没亮呢?其实,公鸡的眼皮很薄,当天微微亮的时候,光线就会射进它的眼睛中,它大脑内的松果体就会开始停止分泌褪黑素。褪黑素有着极其复杂的功能,可以抑制性激素的分泌。当褪黑素的分泌受到抑制的时候,公鸡就会不由自主地鸣叫了。

还有一个令很多人都比较好奇的问题就是,公鸡能下蛋吗?其实,公鸡会下蛋在科学上并没有任何依据,所以不足为信。但是,有人说母鸡会打鸣,这个可信吗?在现实生活中,还真有发现母鸡打鸣

的奇异事件。

母鸡为什么会打鸣呢？在成年母鸡的体内，只有左侧的卵巢能发育，而右侧的卵巢却保持着未分化的状态。当母鸡左侧的卵巢出现了故障，右边未分化的卵巢就会发育成公鸡才会有的睾丸，睾丸会分泌出雄性激素。在雄性激素的催促下，母鸡会变得和公鸡一样能够打鸣了。而这时候的母鸡，已经不能称为真正意义上的母鸡了，它由母鸡逐步变成了公鸡，还会长成公鸡的模样。

分身有术的海参

北极熊为什么是左撇子

人类当中有 10%~20% 的人喜欢用左手，而我们把习惯用左手的人称为左撇子。其实，在自然界当中有很多动物也是左撇子，像大猩猩、猴子、猫和大象等动物的左撇子和右撇子的数量比在 1:1 之间。但是，北极熊却全部都是左撇子。

北极熊为什么全部都是左撇子呢？除了它的遗传因素之外，还要从北极熊生活的环境说起。

北极熊生活在寒冷的北极，那里到处被冰川所覆盖，冬季非常漫长，1 月份的平均气温在 –20～–40℃之间，即使相对最温暖的 8 月份的平均气温也只有 –8℃。而北极熊的白色毛发实际上是中空且透明的小管子，由于光的折射与反射，致使我们看到的北极熊毛发颜色呈现白色。更重要的是，这些中空透明的毛发，却是北极熊收集热量的重要工具，当太阳光照射到这些毛发上时，毛发会反射到北极熊毛发下面的黑色皮肤上，如此一来，北极熊就能抵御寒冷的北极生活。

接下来的问题，就与北极熊捕获食物有关了。

生活在那里的海豹，经常去北极南部边缘地带繁殖。由于，海豹是北极熊最喜欢的食物。在北极熊捕获海豹的时候遇到了一个难题。原来，北极熊的皮毛和冰川一样呈现白色，不会轻易被海豹发现。但是，它的鼻子却是黑色，很容易暴露自己。为了不让海豹发现自己黑色的鼻子，它就会用自己的右手捂着黑色的鼻子，用左手去捕食海豹，久而久之，北极熊就成了左撇子。

 **动物也疯狂**

关键词：蜜蜂、旅鼠、热带鱼、松鼠、老鼠、海马、沙虎鲨、海燕、乌贼

导　读：神奇的动物世界，无奇不有，动物疯狂起来，也会做出令人意想不到乃至匪夷所思的事情，到底这背后有什么秘密吗？就让我们一起去揭秘吧。

蜜蜂的冬季俱乐部

在每年春暖花开的时候,总能看到很多蜜蜂"嗡嗡"地飞向花丛中,它们可以在满是芳香的花朵上采食花粉并酿造蜂蜜。

蜜蜂在动物界中以勤劳著称,它们从春天一直忙碌到秋天,每天吃最少的食物,却酿造最多的蜂蜜。一年之中,只有在冬天的时候,它们才肯停下来休息。这时候,我们很少再能看到蜜蜂了,它们都躲在什么地方休息了呢?蜜蜂在冬天怕不怕冷呢?它们又是如何度过严寒的冬天呢?

蜜蜂是一种变温动物,体内的温度会随着外界的温度而变化,当冬天到来的时候,外界的温度经常在0℃以下,而蜜蜂的身体已经无法承受如此低的温度。为了抵御外界的寒冷,蜜蜂就会躲进它们家族共同居住的巢穴中,当巢内温度低于13℃的时候,蜜蜂之间就会紧紧地抱在一起,通过抱团来取暖。

在蜜蜂的每个家族里都有一个权力至高无上的蜂王。在蜜蜂抱团的时候,都是以蜂王为中心,然后在巢穴内互相靠拢,形成一个球形。球体最外层的是最勤劳的工蜂,它们会在球体外面不停地扇动翅膀,阻挡着外界的寒冷进入巢穴。在蜜蜂冬季"俱乐部"里,温度一般保持在13℃左右,和春天的温度相差无几。天气越冷,蜜蜂抱团越紧,巢内最高温度可达24℃左右。

仅仅依靠抱团取暖的热量还是不足以让所有的蜜蜂度过严冬,

于是，它们就开始另想办法了。蜜蜂为了增加身体里的热量，就学会了一样独特的绝招。当它们一边多吃自己酝酿的蜂蜜，一边加强身体运动，体内的新陈代谢就会加快，从而产生热量。

既然是抱团取暖，那里面的蜜蜂肯定很温暖了，而最外层的蜜蜂和外界直接接触，肯定非常寒冷，难道它们不怕冻吗？它们也怕冻。为了防止最外层的蜜蜂被冻死，它们就想到了一个"换岗"的方式。每隔一段时间，最外面的蜜蜂就会向里面移动，而最里面的蜜蜂就会向外移动，接替最外面蜜蜂的岗位。就这样，反复地一层一层地里里外外地"换岗"，在保证每一只蜜蜂不被冻死的情况下，让它们受到相同的待遇。"换岗"方式，除了让每只蜜蜂都能够得到温暖之

外,还可以调节巢内的温度,不至于使外面的温度一直低,里面的温度一直高。

　　所有的蜜蜂都忙着抱团取暖,它们怎么取食蜂蜜呢?难道还要一个一个地出去吃蜂蜜?要是这样,巢还不乱成一锅粥啊!为了不出现混乱,蜜蜂想到了一个很好的办法,就是通过传递的方法,让最外面的蜜蜂取食,然后一层一层地给里面的蜜蜂传递蜂蜜,这样,里面的同伴就不必再钻出来冒着严寒来取食了。

　　蜜蜂的小宝宝又该如何度过寒冷的冬天呢?小蜜蜂需要的温度不能低于35℃。为了达到如此高的温度,照顾小蜜蜂的工蜂就会用自己的身体组成一个绝热层。天气特别寒冷的时候,工蜂就会不停地扇动翅膀,产生热量,使"育婴室"里的温度达到适合小蜜蜂生存。

　　为了照顾"育婴室"里的小蜜蜂,工蜂每天除了给它们提供足够高的温度,还要给它们喂食1300多次。像工蜂这样不知道疲倦地工作着,真该授予它们"劳动模范"的荣誉称号。

集体投海的旅鼠

1868年的春天,当一艘满载着游客的邮船经过挪威海的时候,船上的游客发现了一件十分奇怪的事。在离他们的船只不远的地方一片黑乎乎的东西在海面上不停地移动。起初,他们以为是鱼,但是细看起来并不像鱼。于是,船长就命令船员将船开过去,看个究竟。当船只靠近这些移动的黑家伙的时候,他们发现原来是成群结队想要渡海的旅鼠,数量多得简直难以计算。

到了1985年的春天,居住在挪威山区的人也发现了同样奇怪的事。春天刚刚到来,正是旅鼠需要补充营养的时刻,它们常常会成群结队地四处寻找食物。由于旅鼠数量众多,以至于挪威山区里的花草树木被连根带皮都被吃光了,农民的庄稼也没有幸免于难,更让人害怕的是,有人说他们家的小宝宝也曾被旅鼠咬伤过。因此,挪威人对数量庞大的旅鼠产生了畏惧心理。在四月份的一天,还对无法消除鼠患担忧的挪威人惊奇地发现,数以万计的旅鼠开始成群结队地向西海岸奔去,有的是几百只组成一队,有的是几千只甚至上万只组成一队。

分身有术的海参

它们去西海岸干什么呢?难道发生什么大事了吗?后来,跟踪旅鼠的人们发现,这些旅鼠是去西海岸投海的。

当它们遇到河流的时候,就会前赴后继地跳进去。当前面的旅鼠跳进水里之后,就用身体为后面的旅鼠在水面上铺成一条路,而后面的旅鼠也毫不客气地踩踏着同伴的身体过河。如果是遇到悬崖或小河流的时候,就会有很多旅鼠抱成一个圆形的肉团,然后滚下去。无论是游泳过河,还是抱团滚下悬崖,都会有死亡,而活着的旅鼠会继续前进。因此,在海岸边常常会闻到旅鼠尸体腐烂后散发出的恶臭气味。

随着人们对旅鼠的逐步了解,他们发现每隔三四年,旅鼠就会进行一次集体投海的怪异行为。可是,活得好好的旅鼠为什么要做这种类似于自杀的事情呢?对此,生物学家给出了好几个解释。

有一部分生物学家认为,旅鼠的这种投海行为和它们的高度繁殖有着密切的关系。旅鼠一年可以生7~8胎,每胎可以生下12只小旅鼠。在小旅鼠生下不久之后,14~30天左右就可以开始交配,不久就可以接着生儿育女了。粗略地计算一下,两只旅鼠,一年就可以拥有上百万的后代。如此强的生育能力,在动物界是极其少见的。

旅鼠多了,平均占有的生活空间就会变少。然而,旅鼠喜欢独自居住,当数量变多了,它们就会发生争吵,会变得异常烦躁不安,不

是打架闹事，就是吱吱地叫个不停。天天生活在如此烦躁的环境当中，它们也受不了。于是，它们就会选择离开，寻找新家。

但事实上，只有挪威的旅鼠才会出现投海的现象，其他地方的旅鼠却没有发生过这种现象。

生物学家为此现象又作了进一步解释。他们认为，发生这种现象的当年，挪威海还比较狭窄，无法容纳那么多的旅鼠生活，而其他地方的海比较宽阔。如今，挪威海逐渐地变宽阔了，但是，旅鼠却遗传了它们祖辈的本能，这种投海的本能依然在旅鼠之间发挥着作用，所以现在在挪威的旅鼠依旧上演着惊人的投海之举。

旅鼠因为生存空间不足才会投海的结论并没有得到其他生物学家的认可。他们认为，即便旅鼠的数量庞大，但是那里的地域广阔，足够旅鼠生存。更能够推翻那个结论的是，当旅鼠经过地域广阔、食物丰富的地方的时候，它们依然不会在那里作任何停留。

第一种结论并不可靠，于是，其他的生物学家经过研究又得出了一种结论。他们认为，数量增多的时候容易导致旅鼠烦躁不安、东奔西跑，整个旅鼠群的生活压力增大，它们的肾上腺就会随之增大，神经变得高度紧张，变得异常焦躁不安，还会有强烈的运动欲望，于是，旅鼠开始集体迁徙，在迁徙的途中需要经过河流和湖泊。虽然旅鼠善于游泳，但是它们常常会因为体力不支而溺水而死。还有一些，

即便能幸运地活着，如果跑到了缺少食物的地方，也会因为饥饿而使性欲下降，旅鼠的繁殖能力也随之下降，旅鼠的总数量自然而然也会下降。

这种说法虽然看起来很有道理，但也不是没有缺陷的，因为生物学家发现，当旅鼠的数量密度达到很高的时候，这种现象一般不会发生在第一代，而是发生在第二代。这说明了，旅鼠投海的行为不但受到了环境的影响，而且还受到旅鼠生理上、行为上以及遗传因素的影响。

在研究旅鼠生命周期的科学家还有自己的看法，他们发现，当旅鼠的数量剧增的时候，旅鼠体内的化学过程和内分泌系统也发生了相应的变化。旅鼠投海的秘密可能就和化学过程和内分泌系统的变化有关，当旅鼠数量达到一定程度的时候，这种变化就会促使旅鼠集体投海。

当很多生物学家为自己的观点寻找支持的时候，美国生物学家皮特克却用营养学说来解释旅鼠投海的原因。由于旅鼠的繁殖能力实在是太强大了，数量剧增的旅鼠，需要从大量的食物中获得更多的营养，导致每经过三到四年旅鼠就能把草原上能吃的一切食物都吃掉。这样，它们的后代将会无食可吃。考虑到后代的生活环境，它们就会将自己身上原来的灰黑色故意变成颜色鲜明的橘红色。这种

分身有术的海参

醒目的颜色就会引来旅鼠的天敌,并让天敌把自己吃掉。但是,天敌的食量也是有限的,无法吃掉那么庞大的旅鼠群,于是,旅鼠就会选择集体投海。幸运的,就能活下来;不幸的,就会被海水淹死。在这个投海的过程中,还淘汰了那些体质处于劣势的旅鼠,留下了体质更加健壮的旅鼠,保证了后代的质量。

投海之后,旅鼠的数量大减,植物又马上变得繁盛,旅鼠就有足够的营养来生活了。这就是关于旅鼠为什么投海的原因—— 为了旅鼠家族的后代兴旺与繁衍。

行动整齐如一的热带鱼

热带鱼主要生活在热带水域,其中东南亚、中美洲、南美洲和非洲等地分布最广。

热带鱼是一种具有较高观赏价值的鱼类品种,人们常常把它们饲养在鱼缸里,欣赏其多姿多彩的外形。当然,对于科学研究工作者而言,不仅仅是观赏,他们从热带鱼身上发现了一个非常有趣且值得研究的科学课题。

科学研究者发现,有些热带鱼在成群结队游动的时候,常常突然改变方向,而且每一条热带鱼的动作都非常一致。就像军人训练转向动作时一样整齐划一。研究者就猜想:热带鱼应该有一个类似暗号或者互相通联的方式,才能保持步调一致,否则很难解释这种现象。

为了验证猜测,科学研究者做了这样一个实验:拿着一个带上静电的物质靠近饲养热带鱼的鱼缸,发现热带鱼对电场有反应。又经过进一步的研究证明,原来热带鱼自身能释放出微弱的脉冲电流,它们才对靠近鱼缸的电场有反应。

科学研究者得出最终结论,热带鱼正是依靠自身释放的脉冲电流形成电场,然后进行通讯联络。这就是热带鱼能够整齐如一转变游动方向的原因。

"电话"求爱的电鳗

在自然界中,不同动物之间的求爱方式各不相同。有的动物求爱时会跳上一支舞或唱上一首歌,有的动物求爱的时会建造一个比较精致的巢穴……除了这些求爱的方式之外,还有没有更加独特的求爱方式呢?

电鳗的求爱方式就很独特,它们竟然是通过"电话"求爱的。

电鳗的身上长着发电器官,发电器官可以向周围发出电流脉冲。一到繁殖的季节,雄性电鳗就会施展它独特的求爱方式。雄性电鳗首先会向周围发出电流脉冲,如果雌性电鳗接收到雄性电鳗发出来的"无线电话",它们也会发出同样的电流脉冲以示回应。通过这种"无线电话"取得联系之后,雌性电鳗会主动到达雄性电鳗所在的地点和雄性电鳗约会。

它们在约会之前从来没有见过面,它们怎么能够识别出是哪只电鳗发出的电流脉冲呢?万一认错了怎么办?这个你不用担心,因为每条电鳗所发出的电流脉冲的频率都是不同的,能够形成自己独特的电场。而电鳗的听觉也极其灵敏,能够分辨出相隔四亿分之一秒

分身有术的海参

的电流脉冲所形成的差别。电鳗有如此本领,想搞错对象都难!

电鳗既然不会搞错对象,那么它会不会搞错地点呢?如果搞错地点,那这场约会岂不是要搞砸了?这也不会。因为电鳗不但可以顺着对方发出的电流方向寻找对方,还可以根据自己发出的电流计算

出自己和另一条电鳗之间的距离。在赴约的途中,电鳗还可以根据自己发出的电流感受到前方是否有障碍物,并能估算出障碍物所在的位置,有了这种本领,即便电鳗的视力很差,它也不会撞到障碍物上。

电鳗喜欢群居,当雄性电鳗和雌性电鳗通过电流脉冲寻找彼此的时候,其他的电鳗会不会也发出相同频率的电流脉冲来干扰它们呢?这种现象几乎不会发生。当两个电流频率相近的电鳗相遇的时候,它们会自动调整自己的电流频率。如果遇到电流频率比较高的,它们就会将自己发出的电流频率调得更高;如果遇到电流频率更低的,它们就会将自己的电流频率调得更低,防止和其他电鳗的电讯相混淆了。

一旦有雄性电鳗发出"电话"求爱信号之后,其他的电鳗就不会发出同样频率的电流脉冲了,这样,两条电鳗就会很快找到彼此。接下来,它们就会交配,繁衍后代。

松鼠的多功能尾巴

　　松鼠都长有一条长长的尾巴,这条尾巴又厚又软,对松鼠来说,它的作用可多啦。

　　松鼠常常喜欢在树上蹦来蹦去,当它们从一棵树跳到另一棵树上的时候,尾巴就会挺直,使自己可以跳出很远的距离。如果有厉害的天敌想要伤害松鼠,松鼠就会从高高的树上跳到地下。那么高的树,松鼠会不会摔伤呢？事实上,松鼠之所以敢从高高的树上跳下来,说明它原本就不担心被摔伤,因为它那长长的尾巴可以当降落伞来用。当松鼠快要落地的时候,它那柔软的尾巴还会充当海绵垫子来用,使跳下来的松鼠不至于和地面产生太大的撞击力。所以说,松鼠从树上跳下来是非常安全的。

　　人类睡觉的时候都会在身上盖上一床暖和的被子,防止着凉,松鼠没有被子怎么办呢?这时候,松鼠会将尾巴盖在头上和身子上,尾巴就像是一张暖和的被子,睡觉的时候就不觉得冷了。

　　松鼠不像人类一样可以说话,它依靠什么和同伴交流呢？如果告诉你松鼠可以依靠尾巴交流,你会相信吗？最近,生物学家发现,松鼠经常利用摇动尾巴来和同伴进行交流。这种交流方式实在是太神奇了,就像是聋哑人用手比划的哑语一样。

生宝宝的雄海马

　　人类的小宝宝都是妈妈十月怀胎生下的,因为爸爸不可能像妈妈一样怀孕,然后生下小宝宝。那么,在如此神奇的动物界里,有没有爸爸能够生宝宝的吗?有是有,但是还真不多。海马就是爸爸负责怀胎并生下小海马的。海马爸爸生宝宝在自然界也算是一件奇闻。

　　没有那金刚钻,海马爸爸还真不敢揽这瓷器活。海马爸爸腹部

长着一个育儿囊,而海马妈妈身上却没有。这也是为什么海马妈妈不能生宝宝而海马爸爸能生宝宝的原因。

每年的5~8月,海马妈妈就会找到海马爸爸,并将卵产在海马爸爸的育儿囊中。然后,海马爸爸会对育儿囊中的卵进行授精,并给授精后的受精卵提供氧气和必需的营养物质。在海马爸爸怀孕期间,海马妈妈会常常来看望怀孕中的海马爸爸。随着时间的流逝,海马爸爸的肚子就会一天天地变大,一个月左右之后,海马爸爸就能

分身有术的海参

生下小海马。刚出生的小海马就可以独立生活,所以海马爸爸、妈妈就不会再管它了,让它自力更生。接下来,海马爸爸就会准备下一次的怀孕。

为什么是海马爸爸负责生宝宝,而不是海马妈妈生宝宝呢?这要从海马繁殖后代的事情说起。

海马属于鱼类,在众多的鱼类当中,大多都是体外受精,雌鱼负责在水中排卵,雄鱼负责对卵进行授精。无论是雌鱼还是雄鱼,它们对授精之后的卵大多会不管不问,所以很多都被其他动物吃掉了,严重影响了后代的存活率。不过,这种鱼一般会产下很多的卵,以防止绝后。但是,海马妈妈体内一次只能排出的卵不多,最多也就是上千个,而这些卵需要消耗海马妈妈很多的体能,以至于海马妈妈没有多余的精力去生宝宝。因此,生宝宝的重任就交给了海马爸爸。

海马爸爸为了保护后代不被水生动物吃掉,并不像其他鱼类一样将卵产在水里,而是由海马妈妈将卵产到海马爸爸的育儿囊里,小海马不必担心会被其他水生动物给吃掉。这种繁殖方式有助于后代的繁衍。

当雄海马爸爸生下小海马之后,海马妈妈体内的卵又长成熟了,接着,海马爸爸将继续孕育新一代的小海马了。海马爸爸就是这么不停地怀孕,不停地生育。这也是海马家族繁衍至今的重要因素。

娘胎里手足相残的沙虎鲨

　　沙虎鲨主要生活在大西洋、印度洋及太平洋等海域。它们通常选择靠近海岸的地方生活，一般水深 60～190 米的地方是它们的主要活动和聚集区域。

　　沙虎鲨白天躲在珊瑚礁或者海底洞穴里，夜晚才会出来四处寻找"猎物"。沙虎鲨的捕食对象包括鲨鱼、鳐鱼、硬骨鱼、大海鲈以及一些甲壳类动物。

　　沙虎鲨在海洋中素有"海洋杀手"之称，是海洋中最凶悍的食人鲨之一。

沙虎鲨有着一双小小的眼睛,嘴里长满了锋利的牙齿,看起来就是一副凶神恶煞的样子。沙虎鲨在夜间活跃的时候,非常喜欢游来游去,向其他鱼类展示自己的彪悍的身材,并威胁着其他种类的海洋生物。

它不但不把其他的海洋生物放在眼里,而且还时常攻击人类。攻击人类的鲨鱼有公牛鲨、居氏鼬鲨及大白鲨等,但沙虎鲨却是攻击人类次数最多的一种鲨鱼。

沙虎鲨的掠食本领在鲨鱼中是名列前茅的,这主要是因为它的性格凶狠,对其他动物从来不会留情。其实,沙虎鲨的凶狠在娘胎里的时候就已经表现出来了。

小沙虎鲨在娘胎里的卵囊里孵化成10厘米长的时候,就已经长了锋利的牙齿。长到1米左右的时候,它就会和兄弟姐妹们在娘胎里进行一番生死搏斗,而最具有优势的那个胚胎会毫不手软地将"兄弟姐妹"吞噬掉。最终,被沙虎鲨妈妈生下来的只有那个最残忍最健壮的小沙虎鲨。

这种不顾及手足之情的沙虎鲨,在母体内就养成了嗜血的习惯,它连兄弟姐妹都下得了毒手,你还能指望它对其他的动物手下留情吗?

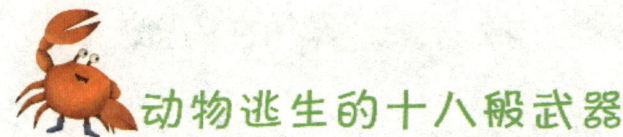

动物逃生的十八般武器

关键词：乌贼、负鼠、海参、黄鼠狼、壁虎、蚂蚁

导　　读：在恶劣环境下或受到敌人攻击的时候，一些动物为了保全生命、求得生存，经过长期的进化过程，练就了一身特殊本领。这些本领能够帮助它们在受到攻击或伤害时，化解危机，乃至绝处逢生。

放"烟雾弹"的乌贼

在海洋世界里,强者靠吃弱者为生,但是,那些弱小的动物又不甘心被吃掉,于是,它们就练成了一身逃生绝技。动物的种类繁多,

所以逃生绝技也五花八门,乌贼的"烟雾弹"可谓一绝。

乌贼不到紧要关头是不会轻易施放"烟雾弹"的,虽然"烟雾弹"对敌人的杀伤力很大,但是,一旦被施放出来,它们还要经过很长的时间才能存够下一颗"烟雾弹"。

乌贼究竟是怎么施放出"烟雾弹"的呢?在乌贼的体内直肠末端有一个墨囊,而墨囊的上半部是墨囊腔,是储藏墨汁的地方;墨囊的下半部是墨腺,在墨腺的细胞里有很多黑色颗粒,一旦这些细胞衰老,就会逐渐破裂并形成墨汁,墨汁在进入墨囊腔之后,就被储藏在里面。当乌贼需要施放墨汁的时候,就会打开墨囊腔,将墨汁施放在水里。墨汁在水里很快就会散开,形成烟雾形状,像是打仗的时候士兵使用的烟雾弹，能够让周围形成很多"烟雾"，为的就是让敌人看不到自己，然后趁机逃跑。

"烟雾弹"还不只是起到遮蔽身体的作用，还有麻醉敌人嗅觉的作用。这种有麻痹作用的墨汁，也可以麻痹一些乌贼爱吃的小鱼小虾。乌贼常使用这种方法捕食鱼虾。

乌贼的"烟雾弹"有多大的杀伤力呢？它能够连续施放五到六次的"烟雾弹"，施放时间可以持续十几分钟，在五分钟的时间内足以染黑5000升水。大王乌贼更加厉害，喷出的墨汁能够染黑几百米范围内的海水。

人类因为受到乌贼这种施放"烟雾弹"绝技的启发，制作了用来掩护步兵和坦克的发烟罐、发烟手榴弹，当敌人发动进攻的时候，就可以在这些烟雾的掩盖下顺利撤退。

随着科技的发展，人类已经制造出一种具有特殊功能的烟雾，具有反雷达和反红外探测器的作用，让敌人无法判断出哪个才是真正的攻击目标。

现在，烟幕已经被使用在很多场合。为了让这些烟幕看起来比较美观，有人就利用各种各样的物质配制出一些特殊的颜料，再通过放烟器将这些五颜六色的颜料施放出来，就可以看到极其美丽的烟幕。电影或舞台上的烟火就是这么制作的。

装死逃生的负鼠

在动物世界里,很多动物都会装死,但是,真正装得逼真的,恐怕要数负鼠了。

讲述负鼠装死逃生的本领之前,我们先看一下负鼠的基本情况。

负鼠属于一种比较原始的有袋类哺乳动物,主要生活在南美洲地区,身上带着一个育儿袋,所以还被称为"南美洲袋鼠"。不同种类的负鼠的个头大小不一,不过它们却有一些共同特征,比如鼻子嘴巴都长得很长,犹如老鼠的尖嘴;耳朵上没有毛发,薄如蝉翼,看上去很透明;它的尾巴又长又柔软,能够缠绕住树干;它的每只脚上还长有像人一样的5个脚趾头;牙齿排列整齐,不像老鼠那样无规则状。

科学实验表明,负鼠的智商非常低,大约在0.35~0.57之间。有人或许会问,既然负鼠的智商这么低,为什么还可以用装死的方式逃生呢?其实,这与智商无关,是生物进化的结果。

负鼠在遇到天敌的时候,马上就会躺在地上一动不动,脸色看起来很淡,嘴巴也会张开,并将舌头伸了出来,还紧紧地闭着双眼,长长的尾巴一直卷在下颌和下颌之间,肚皮膨胀得很大,连呼吸和心跳都停止了,体温也会下降,身体还会伴随着剧烈的抖动,其痛苦的表情让天敌也害怕,不敢轻易靠近它,更不敢去捕食它。

虽然负鼠的假死表演很逼真,但是,有些天敌不会轻易相信。于是,负鼠就会从肛门旁边的臭腺中排出一种具有恶臭气味的黄色液体,这种液体会让动物以为它已经死了,并且尸体都已经腐烂变质了。负鼠的天敌一般喜欢吃活的,因为死去的动物尸体身上常常布满病菌,吃了对健康不好。当天敌触摸负鼠时,发现负鼠一动不动,就会认为它已经死了,就不会吃它了,更不会去吃它那已经"腐烂"的尸体了。

负鼠装死的时间长短不一,短的时候也就几分钟,长的时候甚至可以达到几个小时。当它醒来的时候,首先会看看周围还有没有危险,如果没有危险,它就会立刻起身逃走。

负鼠如此逼真的装死行为违反了生理学的常规现象,以至于生物学家也不敢断定它们是被吓晕过去了,还是自己故意装死的。

为了解开这个秘密,生物学家就用特殊的仪器对负鼠进行了检测。这种仪器可以检测出动物大脑细胞不断发出的脉冲而形成的生物电流,根据这种大脑生物电流的原理,就可以判断出动物是昏迷,还是清醒。当对装死的负鼠进行检测的时候,发现负鼠的大脑细胞一刻都没有停止活动,甚至还比清醒的时候更加活跃。这个测试说明了,负鼠其实并没有昏迷,而是真的在装死。

负鼠在倒地的那一瞬间就能像真死了一样,为什么它们装死的速度这么快呢?

原来,当负鼠在受到天敌追击或担惊受怕的情况下,体内就会分泌出一种麻痹物质,当这种物质进入大脑之后,就会使负鼠全身失去知觉,并伴随着假死的一系列行为,让天敌完全以为负鼠已经死了。

负鼠的这种逃生本领,是负鼠在长期进化过程中形成的,可救了不少负鼠的性命。

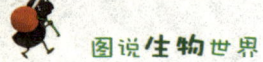

分身有术的海参

海参是一种富含营养且味道鲜美的名贵菜肴。也许你吃过海参,但是,你了解海参吗?

生活在海洋里的海参笨手笨脚的,行动十分迟缓,它常常躲在石头缝隙中。很多动物知道海参的这种生活习惯,常常去石头缝隙中捕捉海参。

海参行动缓慢,它会不会被天敌给吃掉呢?

为了不被天敌吃掉,海参学会了逃跑的"分身术"。当有天敌想要袭击海参的时候,海参就会将自己体内的肠、肺和体腔液一起排出来,排出来的内脏可以起到吸引天敌注意力的作用,甚至有时候就能直接把天敌吓跑。与此同时,排出来的东西对海参的身体还可以产生一种反作用力,推着海参快速逃跑。

假如人类没有了内脏,肯定就不能继续活下去了,而海参将内脏吐了出来,它还能活吗?难道海参就是为了在死之前留个全尸才将自己的内脏吐出来的吗?

如果我们这样想,就低估了海参的本领。我们不要忘了,海参是

111

有分身术的!海参之所以敢大胆地使用它的分身术,就说明这种分身术不会危及到它的生命。

海参体内有什么绝招可以使它在吐出内脏的时候不至于丢了性命呢?原来,在海参的体内有一种由无数个形态、结构相同的细胞聚集在一起而形成的结缔组织,是执行共同生理机能的细胞群。结缔组织在海参的体内有工作态和造型态两种状态。

工作态是结缔组织在执行生理机能时的一种状态,而造型态却可以对海参坏死和受伤的细胞进行修复,并对那些被它排出来的细胞进行再生。有了再生功能,即便海参将自己的内脏排出来,经过50天左右,就会重新长出新的内脏来。

因此,海参在遇到天敌的时候可以放心地将自己的内脏排出以解救自

己的生命。这种分身术虽然对那些天敌很有威慑能力,让天敌不敢靠近海参。

但是,海参也不能每次见到天敌就用,因为海参每次排出内脏之后,50天内才能重新长出新的内脏。如果再次遇到天敌,没有内脏可以排出来,那么,它将会有生命危险。所以,一般情况下,海参不轻易使用这种分身术。

海参还有"自切"的绝招。所谓"自切"就是它可以将自己的身体分割成数段。这些被分割之后的海参的身体在经过3~8个月的时间就能重新长成一只完整的海参。

海参的身体还有一个神奇之处,如果你用针线或钢丝穿透海参的身体,并将针线或钢丝打成死结,海参会在半个月内就将这些东西从体内给排出,而且不会留下任何痕迹。

海参的"分身术"已经让人们够惊奇的了,可它还会"隐身术"。在离开水之后不久,海参的身体内会产生一种"自溶酶",这种"自溶酶"会使海参融化成水状,再也看不到它原来的样子。如果是遇到油性物质,海参也会融化。

通常情况下,海参在十岁的时候,都会自动融化在大海里。一旦使用这种"隐身术",海参再也变不回来了,而是像一滩白水一样融化在大海里了,连个尸体都找不到。

分身有术的海参

放臭屁的黄鼠狼

黄鼠狼学名黄鼬。因为它周身毛发呈棕黄色或橙黄色，所以动物学上称它为黄鼬。黄鼠狼属于哺乳类动物，也是小型的食肉动物。它的体形细长，四肢短小，体长在 25～39 厘米间；它的另外一个特别之处在于，它的颈很长，而头却很小，由于这个特征，它可以在狭窄的缝隙中自由穿梭。

黄鼠狼主要生活在俄罗斯的西伯利亚地区、泰国、西藏以及中国的很多内陆地区。在中国流传甚广的一句民谚是："黄鼠狼给鸡拜年——没安好心。"这句话已深入人心，大家都以为黄鼠狼特别喜欢吃鸡。事实上，黄鼠狼很少以鸡为食，它主要以啮齿类动物为食，偶尔也吃比它更为弱小的哺乳动物。

黄鼠狼的警觉性非常高，它时刻保持着高度的戒备乃至战斗状态。当它受到威胁时，黄鼠狼更散发出激昂的战斗意志，做殊死一搏，一副大无畏的牺牲精神。

除了这种殊死一搏的大无畏精神外，黄鼠狼还拥有一样看家的退敌武器，即位于肛门两旁的一对黄豆形的臭腺。

  这种臭腺可以分泌一种臭不可忍的气体。当有天敌想要捕捉黄鼠狼的时候,黄鼠狼就会从臭腺中迸射出这种气体,这种奇臭无比

分身有术的海参

的气体具有麻痹的作用，一旦迸射在动物的头上，就会引起中毒。中毒轻微者会感到头部晕眩或恶心呕吐，中毒比较严重者，会立刻昏迷不醒。在遇到它想要捕捉的小动物，它有时也会使用这种办法，先将小动物臭晕，然后慢慢食用。

黄鼠狼一天内可以产出一毫升的臭液，并储存在臭腺中。一旦有需要，黄鼠狼马上就会对准对方的头，将臭腺中的臭液迸射出来。臭液最远射程可达到几米。

黄鼠狼是世界上身体最为柔软的动物之一，因此，它可以轻而易举地钻进老鼠洞里，轻易地捕食老鼠。

黄鼠狼十分残暴凶狠，绝不放过任何弱小的动物，即使吃不完，也一定要把猎物全部咬死。

引爆自己的蚂蚁

自然界无奇不有,生活在马来西亚地区的一种爆炸蚂蚁,会采用一种自我引爆的方式,以防卫自己的蚁穴。在爆炸蚂蚁生活区内,通常由其"兵蚁"充当"虫体炸弹"的工作。此时,兵蚁就起到"守卫兵"的作用。

当然,通常在生死攸关的情况下,蚂蚁才会引爆自己。或许爆炸蚂蚁明白,与其被天敌吃掉或杀死,还不如通过引爆自己的方法自杀来得更有尊严呢!

爆炸蚂蚁又没有炸药包,它是通过什么方法来引爆自己的呢?原来,在这种蚂蚁的身体内长着一种巨大腺体,腺体内储藏着大量的有毒气体苯乙烯,当苯乙烯与空气接触时发生聚合和氧化时,就产生了爆炸。

一旦遇到危险的时候,爆炸蚂蚁就会极度收缩腹部的肌肉,直到腺体承受不了压力而破裂,进而排出苯乙烯,导致腺体发生爆炸,进而喷出毒气。这种毒气能够对敌人产生伤害,当然,爆炸蚂蚁也会同归于尽。

分身有术的海参

119

断尾求生的壁虎

"飞檐走壁"在电影中常常上演,看飞檐走壁的神功,着实让人羡慕。不过那些都是电影,不可信。然而,有种动物却可以飞檐走壁,它就是壁虎。

壁虎能够在墙壁上行走,甚至在天花板上行走,完全是依靠它的脚,它的脚与物体之间存在着一定的粘合力,那么粘合力是从哪里的来的呢?

原来壁虎是动物界的"应用物理学大师",它利用"分子引力"可以轻易地把身体粘附在光滑的墙壁上。

分子引力也叫"范德瓦尔斯力","范德瓦尔斯力"是中性分子,当中性分子彼此距离靠近时,就会产生一种微弱的电磁引力。电磁引力很弱小,以至于容易被忽略。

举个明显的例子,我们把手放到墙壁上,由于实际接触的面积只有几千个点,产生的分子引力也相对比较小,手就不会被吸附在墙壁之上。

美国加利福尼亚大学的罗伯特·福尔等科学家研究发现:壁虎

脚上的细毛约有50万多根。每根刚毛末端又分出400～1000根的细毛。当与物体接触时自动产生"范德瓦尔斯力",使物体与脚部粘合在一起。

虽然单独一根刚毛产生的力量微不足道，但累积起来就很可观。研究数据显示：壁虎几平方毫米的脚掌上，全部刚毛同时发挥作用，在理论上可以支撑 125 千克的重量。借助这些力量，壁虎可以自由地游走在墙壁和天花板等地方。

科学家还做过这样一个实验：把一面镜子垂直树立让壁虎在上面行走。结果表明，壁虎以 1 米/秒的速度向上爬行。并且只靠一个脚趾头就能把自己悬挂在墙壁之上。在天花板上爬行这一举动，真是令其他动物望尘莫及啊！

壁虎是怎样让脚上的引力应用自如的呢？科学家曾用显微镜拍摄下壁虎运动的整个过程，研究发现，壁虎爬行的时候，脚掌居然要付出比吸附物体时多 600 倍的力量，并且此时还要把脚趾伸展高于 30 度，否则就很难达到目的，这就相当于人们撕下胶带做的功一样。

即便是在真空的环境下，壁虎依然能够随意爬行，黏合力并不会因为真空的存在而消失，这也充分说明了，壁虎爬行时不需要跟其他动物一样分泌液体。

在壁虎脚趾微结构的启发下，人类开始研究各种先进的科学技术。科学家正在研究一种强力干性黏合剂，这种产品将会用到壁虎脚趾上的绒毛吸附物体的原理。

英国物理学家也正在模仿壁虎脚趾微结构开发一种柔韧性胶带,上面覆盖着上万根人造绒毛。这种胶带黏性非常强,巴掌大的就可以悬挂起一个成年人。为了证实这种说法,英国物理学家把这条胶带固定在一个玩具身上,玩具稳稳当当地粘合在玻璃上,扒都扒不下来。

此外,科学家还研制出了一种会爬墙、飞檐走壁的仿生机器人。

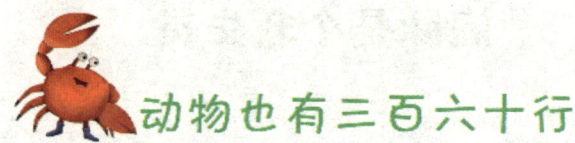

动物也有三百六十行

关键词：海豚、信鸽、海狮、蟾蜍、白蚁

导　读：动物也有三百六十行，它们因自身的条件而拥有各种各样的技能，有些技能与人类有关，是人类通过驯养而产生，而有些技能则是动物先天而得的。

海豚是个救生员

海豚遇到有人掉进海里的时候,它总会奋不顾身地将人从水里托起,使人不至于沉入大海。海豚因为有了救人的善举,所以获得了"海洋救生员"的荣誉称号。

可是,海豚为什么会救人呢?生物学家认为,这是因为它对子女的"照顾天性"。

海豚属于哺乳动物,在海洋里都是依靠肺来呼吸,它们不能够像鱼一样依靠鳃来呼吸,所以,它们每隔一段时间就会露出水面进行呼吸。如果不进行呼吸换气,它们就会因为得不到氧气而窒息死

分身有术的海参

亡。对于那些刚出生的小海豚来说，它们急需要将头露出海面进行呼吸，但是，刚出生的它们在水中还不能畅游无阻，一旦遇到危险，海豚妈妈就会用喙将小海豚托出水面，或用牙齿叼住小海豚的鳍使它们露出水面，让它们能够在水面上自由地呼吸。这种行为是它们生来就有的本能，而这种本能也是自然选择的结果，它对于保护同类、繁衍后代都有着十分

重要的意义。

　　海豚的这种天性除了救自己的孩子和人类，还会救自己的同伴或其他动物。曾经有动物学家发现，有两条海豚向着一条被炸药炸伤的海豚游去，它们努力地搭救自己的同伴。后来，动物学家还发现，不论是救生圈，还是厚木板，海豚都会将它们拖出水面。

　　更让人想不通的是，曾经有一条海豚将自己的天敌——一条长1.5米的幼虎鲨连续拖出水面八天，结果导致海豚力竭而死。这种连敌人都搭救的行为，实在匪夷所思。

　　如果说海豚救人只是一种动物本能，那为什么海豚会选择将人托向岸边，而不是拖向海洋深处呢？难道它托起自己孩子的时候也会将它们拖向岸边吗？海豚是一种生活在海洋里的动物，它才不会将自己的孩子拖向岸边呢！但是，它怎么那么聪明地选择将人类拖

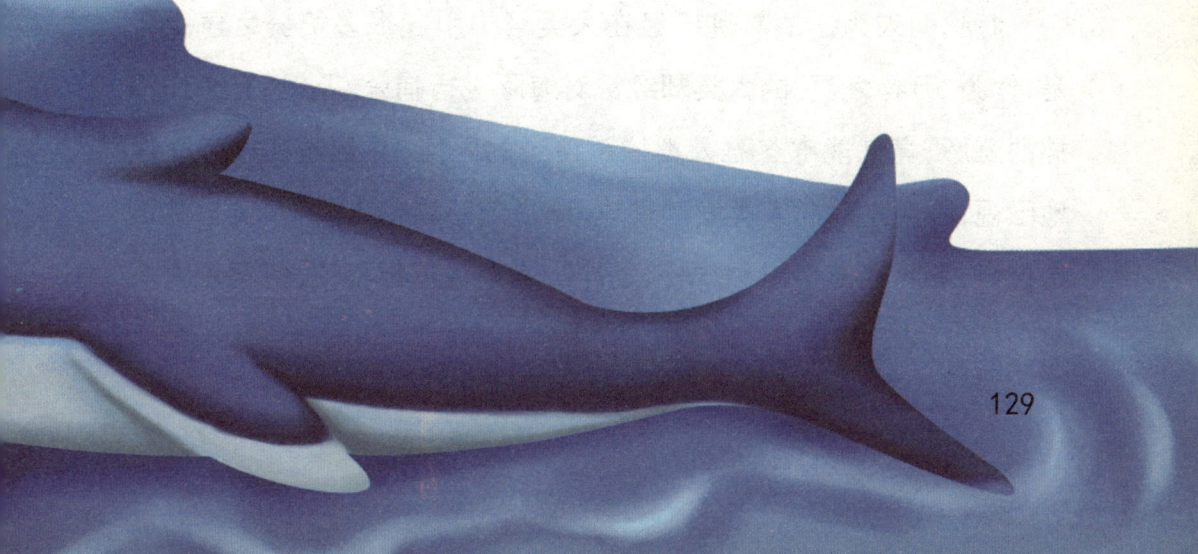

向岸边呢?

事情似乎没有我们想的那么简单,我们也似乎一直低估了海豚的智商。海洋生物学家分析认为,海豚的智商比和我们人类近亲的黑猩猩还要高,海豚的绝对脑重量和相对脑重量都超出了黑猩猩很多。海豚属于一种高智商的动物,不但思维能力强,而且学习能力也是极强的。海洋动物学家就推测,海豚的这种救人的行为完全是一种有意识的行为。

海豚似乎还懂得人类的心思。20世纪的时候,在毛里塔尼亚有一个贫困的小渔村,那里的人常常因为捉不到鱼而不得不饿着肚子。这时,海洋里的海豚就会将那里的鱼赶往渔民打捞的港湾,帮助渔民捕鱼。当地居民对海豚都有一种感激之情。而且不只是毛里塔尼亚的海豚会这样,而且在澳大利亚、南美以及缅甸也都有类似的事情发生。

海豚助人为乐的事迹已经在人类当中引起很多赞美之声。但是,作为"万物之灵"的人类却经常对海豚进行捕杀。不过,有协作精神的海豚,竟然能够容忍人类捕杀自己的同伴,并且还在一旁静静地围观,不会主动向人类发动进攻。难道海豚害怕人类?事实上并不是这样,海豚在海中堪称"击杀之神",连大鲨鱼都不怕,何况是人类呢!

分身有术的海参

信鸽是个邮递员

鸽子从古代的时候已经成为人类的邮递员了,但是,它为什么会能够帮助主人送信呢?鸽子的这种行为困扰了很多的生物学家。为了找到鸽子送信的秘密,很多生物学家进行了长时间的研究。

美国生物学家卡杜拉·诺拉博士曾做过一个实验,诺拉为鸽子准备了一个带有两个平台的房间,其中的一个平台上藏有食物。如果鸽子能够找到食物,就将食物作为给它的奖励。起初,鸽子寻找食物的时候,是一个平台一个平台地找,这样很费劲。后来,诺拉就在放有食物的平台的上方和下方都放上磁铁,试图验证一下磁铁对鸽子是否有诱导作用。结果发现,在放有磁铁的情况下,鸽子很容易就能找到食物,准确率高达 75%。这个实验证明了磁铁对鸽子能够产生影响。

既然磁铁能够对鸽子产生影响,那么,鸽子身上肯定有感应磁场的磁场感应器官。到底这个磁场感应器藏在鸽子身体的哪个部位呢?

诺拉又开始了一组新的实验。他在鸽子的喙上绑上了一块磁性

131

比较强的磁铁,让鸽子继续寻找食物,结果发现,鸽子找错平台的概率超过了一半。

随后,他又在鸽子的喙上绑上一块没有磁性的黄铜,结果却没有受到影响。诺拉就推测,鸽子的磁场感应器官就长在喙上。

为了更进一步确定鸽子的磁场感应器官,诺拉还对鸽子的喙进行局部麻醉,并切断它眼部的三叉神经,发现这些都会削弱鸽子探测到磁场的能力。而在诺拉切断传递嗅觉信息的嗅觉器官的时候,却发现这些不会消弱鸽子对磁场的感应能力。

这两个实验不但证明了鸽子有感应磁场的能力,还证实了鸽子的磁场感应器官就长在喙上。

后来,生物学家在鸽子的喙上发现了感应磁场的晶胞,晶胞就像是罗盘一样,可以帮助鸽子来判断方向。只有识别出方向,鸽子才能够成功地将信带给收信

人。

鸽子就只能依靠晶胞来识别方向吗？其他生物学家的实验表明，鸽子识别方向的方法还有很多种。

英国生物学家对鸽子进行了长达10年的研究，他们在鸽子身上安装了全球定位系统，借此来获知鸽子的飞行路径。研究发现，鸽子在飞回家的时候似乎并不依靠自己与生俱来的晶胞来辨别方向，而是按照道路、铁路、航空标志等道路系统进行飞行，就像我们人类按着道路标志回家一样。在鸽子进行远程飞行或者首次飞行的时候，它们才会利用晶胞来识别方向。

在生物学家看来，这一发现极其重要，因为这让生物学家开始关注起鸽子的记忆结构以及它眼里的地图结构。

英国生物学家的研究在世界上引起了争议。法国的生物学家威尔兹柯却对英国的生物学家的结论产生了怀疑。他经过大量的研究发现，鸽子不但可以利用磁场和太阳，甚至还可以利用嗅觉来辨别方向。

如今，生物学家一致认为，包括鸽子在内的大多数鸟类都可以将地球磁场当作自己的导航系统来辨别方向。鸽子除了在上喙上有感应磁场的晶胞，在眼部的视网膜内还有一种可以感应到地球磁场的强度和方向的色素。

分身有术的海参

鸽子还有一个强大的本领,可以将太阳作为罗盘一样使用。当看不到太阳的时候,它就会用晶胞和眼睛的色素来感应地球磁场以辨别方向了。

只要能够辨别方向,送信对于鸽子来说是小菜一碟。

海狮是个表演家

海狮在动物界当中算得上多才多艺,在动物园,你常能见到它们精彩的表演。它们会顶球,会倒立行走,还会穿过水面上放着的金属圈。这些还不算什么,海狮还懂音乐,并且可以弹奏钢琴。

在日本的伊豆半岛三津海洋动物园里有一只海狮,能够在驯兽员的指挥下弹奏22首世界名曲,这些名曲其中就有大音乐家贝多芬的《第九交响曲》。

海狮又没有手指,它是用什么弹奏钢琴的呢?原来海狮是利用自己的下颚来敲击琴键的。

钢琴师弹一场钢琴需要付给他演出费,而海狮弹奏钢琴也必须得给它报酬,不然,它会罢工的!所以,每当海狮弹奏一个准确的音符之后,驯兽师就会奖励给它一条鱼。

海狮演奏起来十分入神,像一个钢琴家一样,还会左右摇摆,它那副认真的样子,总是让人捧腹大笑。

海狮的智商在动物界是数一数二的,不然它也学不会那么多的才艺。人类看重的就是海狮的聪明,正所谓"聪明者多劳",所以人们经常利用海狮先天的优势,让它完成一些人类不能完成的任务。

人类发射的人造卫星一旦需要返回地球,就会请

海狮帮忙。卫星在返回的过程中常常落在海洋中,由于海洋比较深,海底的压强比较大,潜水员无法潜入深海,这时海狮就可以大显身手了。

在美国的特种部队中就有一头训练有素的海狮,它能在一分钟内将沉入海底的火箭打捞上来。海狮不贪心,只要给它一些鱼或乌贼,它就很乐意帮助人类打捞东西。

蟾蜍是个地震预测员

蟾蜍属于两栖类动物,是蟾蜍科动物的总称。在民间,它又被叫做蛤蟆、癞蛤蟆、癞刺。蟾蜍长得十分丑陋,其体表凸凹不平,长满疙瘩;同时,蟾蜍的耳后和皮肤腺内布满毒液,毒液由多种成分组成,统称蟾毒素。这种蟾毒素能对人体构成威胁。但是,只要不食用受到蟾毒素污染的水体,或者直接接触蟾蜍,便不会中毒。蟾蜍虽然不讨人喜欢,但是它可以消灭田间害虫等。更重要的是,蟾蜍还是一个地震预测员。

2009年,意大利的拉奎拉发生了一场地震。地震之前,一个对蟾蜍研究多年的英国生物学家格兰特女士发现了一件很奇怪的事,她亲眼看到有数百只蟾蜍在三天之内全部逃离拉奎拉。蟾蜍为什么会选择逃离呢?难道是因为蟾蜍提前预测到有地震将要发生了吗?带着这些疑问,她进行了一番研究。

就在格兰特女士对蟾蜍和地震之间的关系进行紧锣密鼓的研究的时候,美国宇航局的人找到了她,并希望能够进行一场合作,试图证明蟾蜍的逃离和地震产生的化学变化之间存在着联系,而这种

化学变化一旦在蟾蜍生活的池塘里发生,便会直接影响到蟾蜍的生活以及后代的繁殖。

格兰特女士为了弄清楚蟾蜍出逃和地震之间的关系,还加紧了和地质学家之间的合作。最终,她认为,可能是岩层在断裂的时候,地壳中的岩石就会受到挤压,能够释放出带电粒子,并和地下水发生一系列的反应。生活在地下水中的蟾蜍对此比较敏感,所以能够预感到地质正在发生剧烈的变化,为了自己的生命安全,它们就会逃离这个地方。

目前,科学界普遍认为地震难以预测,因此,格兰特女士的这种推测并没有让外界人士完全心服。不过在地震前,蟾蜍的异常行为,能够给人类防范地震灾害带来很好的参考价值,人们可以通过蟾蜍的异常行为,而对是否发生地震灾害做出评估与事前防范,有非常重要的意义。

白蚁是个顶级建筑师

在动物界能够建造摩天大厦的动物有很多,其中,排名第一且被称为顶级建筑师的当属白蚁。如果白蚁能够达到和人类同样大的体型,那么,它建造的摩天大厦的高度就可以达到人类摩天大厦的4倍。如果真让它们建成了,那高度简直让人难以想象!

　　有一座白蚁建立起来的摩天大厦之最就坐落在非洲的大平原上，高达 6 米。虽然摩天大厦很大，但是里面却是空荡荡的，因为数以百万计的白蚁并没有居住在上层的大楼里，而是居住在地下的城堡里。

　　白蚁体型很小，为什么能够建造起这么大的楼呢？有句话不是说"人多力量大"嘛！白蚁的数量可是惊人的，常常一巢的成员就达到500万之多，有了这么多的劳力，还愁建不起一座大厦嘛！

其实，建造大楼也不是那么简单的，工程极其复杂，弄不好，就会变成豆腐渣工程。那白蚁是怎么建造起自己的摩天大厦的呢？用的又是什么材料呢？说出来你都不信，白蚁用的竟然是自己的唾液、泥土和粪便的混合物。

在建造大厦之前，它们首先会将泥土和它们的唾液在嘴里进行调和，像是水泥和水进行调和一样，然后再一点一点地垒在一起，积少成多，就变成了摩天大厦。虽然这些大厦听起来不够卫生，但是，它却能像我们人类用的钢筋混凝土建起的大厦一样牢固。

白蚁的摩天大厦内部结构十分复杂，不但有调节楼内温度的"空调系统"，而且还有带顶的过道和花园等等，唯一的缺憾就是它们的大厦没有窗户。不过，你们也不用担心白蚁在大厦里什么都看不到，因为白蚁的眼睛早已经退化，就怕见到强光。